筑境

中国精致建筑100

① 建筑思想

- 风水与建筑
- 礼制与建筑
- 象征与建筑
- 龙文化与建筑

② 建筑元素

- 屋顶
- 门
- 窗
- 脊饰
- 斗栱
- 台基
- 中国传统家具
- 建筑琉璃
- 江南包袱彩画

③ 宫殿建筑

- 北京故宫
- 沈阳故宫

④ 礼制建筑

- 北京天坛
- 泰山岱庙
- 闾山北镇庙
- 东山关帝庙
- 文庙建筑
- 龙母祖庙
- 解州关帝庙
- 广州南海神庙
- 徽州祠堂

⑤ 宗教建筑

- 普陀山佛寺
- 江陵三观
- 武当山道教宫观
- 九华山寺庙建筑
- 天龙山石窟
- 云冈石窟
- 青海同仁藏传佛教寺院
- 承德外八庙
- 朔州古刹崇福寺
- 大同华严寺
- 晋阳佛寺
- 北岳恒山与悬空寺
- 晋祠
- 云南傣族寺院与佛塔
- 佛塔与塔刹
- 青海瞿昙寺
- 千山寺观
- 藏传佛塔与寺庙建筑装饰
- 泉州开元寺
- 广州光孝寺
- 五台山佛光寺
- 五台山显通寺

⑥ 古城镇

- 中国古城
- 宋城赣州
- 古城平遥
- 凤凰古城
- 古城常熟
- 古城泉州
- 越中建筑
- 蓬莱水城
- 明代沿海抗倭城堡
- 赵家堡
- 周庄
- 鼓浪屿
- 浙西南古镇廿八都

⑦ 古村落

- 浙江新叶村
- 采石矶
- 侗寨建筑
- 徽州乡土村落
- 韩城党家村
- 唐模水街村
- 佛山东华里
- 军事村落—张壁
- 泸沽湖畔"女儿国"—洛水村

⑧ 民居建筑

- 北京四合院
- 苏州民居
- 黟县民居
- 赣南围屋
- 大理白族民居
- 丽江纳西族民居
- 石库门里弄民居
- 喀什民居
- 福建土楼精华—华安二宜楼

⑨ 陵墓建筑

- 明十三陵
- 清东陵
- 关外三陵

⑩ 园林建筑

- 皇家苑囿
- 承德避暑山庄
- 文人园林
- 岭南园林
- 造园堆山
- 网师园
- 平湖莫氏庄园

⑪ 书院与会馆

- 书院建筑
- 岳麓书院
- 江西三大书院
- 陈氏书院
- 西泠印社
- 会馆建筑

⑫ 其他

- 楼阁建筑
- 塔
- 安徽古塔
- 应县木塔
- 中国的亭
- 闽桥
- 绍兴石桥
- 牌坊

筑境

中国精致建筑100

五台山佛光寺

王贵祥 王鹏 姜筱菲 等编著 图版说明 王贵祥 吴青 摄影

中国建筑工业出版社

出版说明

中国是一个地大物博、历史悠久的文明古国。自历史的脚步迈入新世纪大门以来,她越来越成为世人瞩目的焦点,正不断向世人绽放她历史上曾具有的魅力和光辉异彩。当代中国的经济腾飞、古代中国的文化瑰宝,都已成了世人热衷研究和深入了解的课题。

作为国家级科技出版单位——中国建筑工业出版社60年来始终以弘扬和传承中华民族优秀的建筑文化,推动和传播中国建筑技术进步与发展,向世界介绍和展示中国从古至今的建设成就为己任,并用行动践行着"弘扬中华文化,增强中华文化国际影响力"的使命。从20世纪80年代开始,中国建筑工业出版社就非常重视与海内外同仁进行建筑文化交流与合作,并策划、组织编撰、出版了一系列反映我中华传统建筑风貌的学术画册和学术著作,并在海内外产生了重大影响。

"中国精致建筑100"是中国建筑工业出版社与台湾锦绣出版事业股份有限公司策划,由中国建筑工业出版社组织国内百余位专家学者和摄影专家不惮繁杂,对遍布全国有历史意义的、有代表性的传统建筑进行认真考察和潜心研究,并按建筑思想、建筑元素、宫殿建筑、礼制建筑、宗教建筑、古城镇、古村落、民居建筑、陵墓建筑、园林建筑、书院与会馆等建筑专题与类别,历经数年系统科学地梳理、编撰而成。本套图书按专题分册,就其历史背景、建筑风格、建筑特征、建筑文化,结合精美图照和线图撰写。全套100册、文约200万字、图照6000余幅。

这套图书内容精练、文字通俗、图文并茂、设计考究,是适合海内外读者轻松阅读、便于携带的专业与文化并蓄的普及性读物。目的是让更多的热爱中华文化的人,更全面地欣赏和认识中国传统建筑特有的丰姿、独特的设计手法、精湛的建造技艺,及其绝妙的细部处理,并为世界建筑界记录下可资回味的建筑文化遗产,为海内外读者打开一扇建筑知识和艺术的大门。

这套图书将以中、英文两种文版推出,可供广大中外古建筑之研究者、爱好者、旅游者阅读和珍藏。

目录

007　一、寺名探源说『佛光』

013　二、寺院建筑布局艺术

027　三、唐建珍品　华夏瑰宝

047　四、唐代彩塑

061　五、唐代壁画

065　六、金代遗构文殊殿

075　七、砖塔荟萃　古刹增辉

085　八、佛光寺与日本招提寺金殿的比较

094　大事年表

五台山佛光寺

佛光寺在山西省五台县境东北距县城32公里的豆村镇北面五台山南台外围的佛光山腰,为全国重点文物保护单位,是国内仅存的四座唐代木构建筑中规模最大的一座,始建于北魏孝文帝太和年间(477—499年)。唐武宗会昌五年(845年)灭法,寺宇被毁,宣宗继位后重兴。今存主体建筑东大殿为唐宣宗大中九至十年(855—856年)所建,五代、宋、金、元、明、清历代屡加修葺和扩建,遂使寺宇成为国内荟萃北魏、北齐、唐、宋、金、明、清各代多种建筑于一寺的孤例。

图0-1 佛光寺全景
佛光寺地处山西五台山台外的佛光山中,其地西向开阔,东、南、北三面环山,寺庙顺山势而建,坐东朝西,四周有苍松翠柏,寺内有巍峨殿宇,环境清幽,布局疏朗,宛如人间仙境。

一、寺名探源说『佛光』

五台山佛光寺

寺名探源说"佛光"

图1-1 佛光寺山门

佛光寺以东西向轴线为主，布列各种建筑物，山门为主轴线第一座建筑，面宽五间，硬山式屋顶。原供奉四大天王，也称天王殿。

佛光寺位于佛光山腰部，寺依山建，山因寺名。"佛光，佛之光明也"，是一种在特殊的地理和气象条件下出现的自然现象。"佛"是梵文"Buddha"音译的简称，全称佛陀、浮图、没驮、勃驮等，现代汉语较为准确的音译则应为"布达"，意译就是"觉者"。"佛"是佛教徒对佛教创始人释迦牟尼的尊称，后来也泛指佛经中所述及的一切佛陀。

据宋代释延一《广清凉传》卷上"释五台诸寺方所"记载："佛光寺，燕宕昌王所立，四面林峦，中心平坦。宕昌王巡游礼谒，至此山门，遇佛神光，山林遍照，因置额名'佛光寺'。"宕昌王是羌族酋帅，受北魏孝文帝册封为王，自京师平城（今山西大同）归国途中经此见佛光，因建寺，置额曰"佛光寺"，时间当在孝文帝太和年间（477—499年）。北魏时，著名高僧昙鸾于此出家皈依佛门。唐代释慧祥所著《古清凉传》卷上"古今胜迹"载："台西有佛光山，下有佛光寺，孝文所

图1-2 东大殿梁底题迹

佛光寺东大殿梁底题迹较多,其中之一为"佛殿主上都送供女弟子宁公遇",与殿前唐大中十一年经幢有关宁公遇的刻文相互印证,是了解大殿修建情况的重要史料。

立。有佛堂三间,僧室十余间,尊仪肃穆,林泉清茂……元魏沙门释昙鸾,本雁门高族,在俗之日,曾止其寺,结草为庵,心祈真境。既而备睹圣贤,因即出家。其地即鸾公所止之处也。后人广其遗址,重立寺焉。今房屋十间,像饰严整。"隋唐两代寺况兴盛,名播长安、敦煌等地,著名的敦煌壁画以显赫的位置绘出了"大佛光之寺"图,其声名远播日本等国,《高僧传》、《佛祖统记》、《法苑珠林》等经籍中均有记载。自隋朝迄唐文宗太和年间(827—835年),寺内曾建有三层九开间高达95尺(约合32米)之弥勒大阁一座,是五台山著名的佛寺高阁。唐武宗会昌五年(845年)灭法,寺宇被毁。宣宗继位后恢复佛法,逃亡在外的佛光寺僧人愿诚法师募集资金于大中年间(847—859年)重建梵刹,使佛光寺得以在旧址上再现昔日雄姿。此后于五代、宋、金、元、明、清历代均屡加修葺或扩建,各代各朝皆有高僧大德住持其间讲经说法,香火之旺,名声之大,为台外诸寺所罕见。

佛光寺唐代遗构的发现归功于中国著名学者梁思成先生。梁先生在阅读伯希和的《敦煌石窟图录》时,注意到第六十一窟所绘"大佛光之寺"图(见林洙著《建筑师梁思成》),精神为之一振。为了验证"国内殿宇还必有唐构"的推论,遂于1937年专程至山西省五台山探宝。关于佛光寺唐代遗构的考察过程,梁先生亲自撰文作了详尽、具体、生动的记述:

到五台县城后，我们不入台怀，折而北行，径趋南台外围。我们骑驮骡入山，在陡峻的路上迂回着走，沿倚着崖边，崎岖危险，下面可以俯瞰田陇。田陇随山势弯转，林木错绮，近山蜿蜒在眼前，远处则山峦环护，形势很是壮伟。旅途十分僻静，风景很幽丽。到了黄昏时分，我们到达豆村附近的佛光真容禅寺，瞻仰大殿，咨嗟惊喜，我们一向所抱着的国内殿宇还必有唐构的信念一旦在此得到一个证实了。

正殿的结构既然是珍贵异常，我们开始测绘就唯恐有遗漏或错失处。我们工作开始的时候，因为木料上有新涂的土朱，没有看见梁底下有字，所以焦灼地想知道它的确切建造年代。通常殿宇的建造年月多写在脊檩上，这座殿因为有"平闇"顶板，梁架上部结构都被顶板隐藏，斜坡殿顶的下面有如空阁，黑暗无光，只靠经由檐下空隙攀爬进去。上面积存的尘土有几寸厚，踩上去像棉花一样。我们用手电探视，看见檩条已被蝙蝠盘踞，千百成群地聚挤在上面，无法驱除。脊檩上有无题字还是无法知道，令人失望。我们又继续探视，忽然看见梁架上都有古法的"叉手"的做法，是国内木构中的孤例。这样的意外又使我们惊喜，如获至宝，鼓舞了我们。

我们工作了几天，才看见殿内梁底隐约有墨迹，且有字的左右共四梁，但字迹被土朱所掩盖。梁底离地两丈多高，光线

图1-3 南禅寺大殿
位于山西五台县西南22公里阳白乡李家庄,大殿建于唐建中三年(782年),是中国现存最古的木构建筑。大殿面宽、进深各三间,平面近正方形,单檐歇山顶,出檐深远,举折平缓,梁架斗栱等均保留了唐代形制。

又不足,各梁的文字颇难确辨。后来,在梁底独见"女弟子宁公遇"之名,生怕有误,又详细检查阶前经幢上的姓名。幢上除有官职者外果然也有"女弟子宁公遇"者,称为"佛殿主",名列在诸尼之前。"佛殿主"之名既然写在梁上,又刻在幢上,则幢之建造应当是与殿同时的。即使不是同年兴工,幢之建立亦要在殿完工的时候,殿的年代因此就可以推出了。幢是唐大中十一年建立的,殿的建立也就是在这个时候了。

除了佛光寺东大殿外,在五台县境西南距县城22公里的阳白乡李家庄村西侧也保留着一座唐代木构建筑——南禅寺大殿。在五台山寺庙群集地和中心区的外围之所以能够保存两座属于"国宝级"的唐代木构建筑,恰恰是因为它们远离五台山寺庙中心区,交通不便,香火冷落,游人罕至,很少有捐资者或布施者对其屡加修葺或重建,于是因祸得福不受侵扰,从而能够保持唐建原貌留存至今。巍峨壮观的唐代木构大殿在沉寂了若干个世纪之后,因着梁思成先生的发现和宣传,遂闻名于世而广为人知,成为国之瑰宝。中国佛教协会会长赵朴初居士在1978年造访五台山时,目睹俨然已成凤毛麟角的唐代木构建筑佛光寺和南禅寺大殿而感慨万端,欣然挥毫题词:

"二唐寺
瑰宝世间无,
千劫何缘存象法,
明时自不失玄珠,
沉晦庆昭苏。"

二、寺院建筑布局艺术

图2-1 佛光寺山门外景
佛光寺创建于北魏孝文帝时,唐元和年间,寺庙佛事非常兴盛。"会昌灭法"时遭毁,唐大中十一年重建,以后历代又增建重修。图为寺庙山门外景。

寺宇因山势建造,高下叠置。坐东向西,北东南三面环山,惟西向低下而疏朗开阔。寺周峰峦叠翠,寺内古松挺拔,曲径之间花木争艳,殿堂巍峨,气势壮观,院落广阔,布列舒朗,各种建筑高低错落,主从有致。寺宇占地约3.42万平方米,围墙全长530米;今存殿堂17间,楼房6间,窑洞26孔,各种房屋72间,石碑12通,牌匾4幅,经幢2座。殿宇布局分作五个庭院,空间严谨而不呆板、开阔而不紊乱,既整齐划一又富有变化,不拥挤亦不分散。庭院前后连带,殿堂上下呼应,路径左右交会,古木错落其间,自然景观与古刹梵宫浑然一体,交相辉映,令游客兴致盎然。寺院以东西纵轴线为主,南北横轴线为辅,两条轴线上均为三座庭院。纵轴线自山门(亦称"天王殿"或"韦驮殿")前之照壁始,穿过天王殿向东延伸,至第一进院。第一进院北南两侧有文殊殿和伽蓝殿(原普贤殿)。院当心有唐僖宗乾符四年(877年)所造石经幢一座,平面

图2-2 佛光寺院落景观
寺宇坐东向西,因山势高低层叠而建,各种建筑高低错落,主从有致,气势壮观。寺院古松挺拔,花木争艳。自然景观与古刹梵宇浑然一体,交相辉映。

图2-3 佛光寺第一进院落俯视/后页
寺宇三面环山,西向低下而疏朗开阔,寺周峰峦叠翠,林泉清茂,寺院布局层出不穷,神秘莫测,颇有世外西方圣地之感。

图2-4 从东大殿向西俯视
从东大殿向西俯视，全院景观尽收眼底。殿堂上下呼应，路径左右交会，建筑鳞次栉比。

图2-5 唐石经幢一/对面页
位于佛光寺第一进院当心，石经幢作于唐僖宗乾符四年（877年），平面八角形，通高4.9米，基座为宝妆仰覆莲瓣须弥座，幢身刻经文，顶部施宝盖覆钵，图案雕刻粗犷雄浑。

呈八角形，通高4.9米，下为束腰式须弥座，其上雕镌宝妆仰、覆莲瓣，束腰壶门内每面镌刻伎乐天各一尊，略有风化。基座之上立幢身，幢身上面镌刻佛顶尊胜陀罗尼经文。顶部施宝盖两层，上立八角矮墩。墩上为八角攒尖顶，幢刹镌刻山花、蕉叶，内有覆钵，其上出仰莲钵，钵上压桃状宝珠，风格粗犷。东向以花墙与第二进院相连。第二进院是一座较典型的三合院。院内南北两侧对称建配殿，北配殿后面建香风花雨楼，东面以通向第三进院的高台阶门洞为中心，两边各建砖窑三孔，又是一座三合院。跨高阶穿门洞入第三进院，西向以石栏杆与第二进院高下相隔，正面是佛光寺主体建筑东大殿。殿前立石经幢，为唐宣宗大中十一年（857年）建造，平面呈八角形，通高2.84米，下部为须弥式基座，其束腰处镌刻壶门，其上雕狮子及仰、覆莲瓣，莲中夹狮六只，幢身镌刻佛顶尊胜陀罗尼经文及施主姓名并建幢年款，顶部镌刻八角宝盖，盖上镌刻八角矮

柱,四个正面各镌刻佛像一龛,再上为莲瓣、宝珠。整个经幢匀称秀美,风格细腻。院内南北两侧各有一排配殿,南为关帝殿,北为万善堂,东南隅建有祖师塔一座,寺周筑高墙围护。寺后东山坡及寺西北山坳里有墓塔群,塔后则是崇山峻岭。寺院布局层层深入,令人顿生神秘莫测之感。寺内第二进庭院中又开辟南北走向的横轴线一条,通过四座配殿和禅房连贯横向三座院落,从而展示了寺院开阔的空间和重叠的韵律。

包括佛寺在内的中国古代建筑多以面南为尊,此即老子所谓"万物负阴而抱阳"观点在建筑中的体现,但是不管建筑物所处环境的具

图2-6 唐石经幢二
位于佛光寺东大殿前,为唐大中十一年(857年)作,经幢约高3米,基座为仰覆莲瓣须弥座,中部为石刻经文,上部为宝盖。其石刻铭文有"佛殿主上都送供女弟子宁公遇"、"大中十一年十月石幢立"等,可与东大殿题迹相互印证,是考证佛光寺创建年代的重要史料。

图2-7 唐石经幢局部
图为佛光寺唐乾符四年石经幢基座局部。

图2-8 第二进院落景观
佛光寺第二进院落以砖砌花墙同第一进院落分开，两侧以墙体衔接角房，组成三合院落，南北两侧对称建配殿，东面为砖窑，西边铺石台阶通往一院。是承接前后院区的中间部分。

体情况而一律面南则又有悖于中国古人关于风水学说的基本原理。佛教虽是外来宗教，但随着时间的推移已与中华民族传统文化融为一体而水乳难分，所以由中国人在中国大地上营造的佛寺建筑不可能不受中国传统风水学说的影响。佛隐在《风水讲义》中说："靠山起伏，高低错落，曲曲如活，中心出脉，穴位突起，龙砂虎砂，重重环抱，外山外水，层层护卫的发福发贵之地"，即所谓"风水宝地"。佛光寺所处地形北东南三面环山，惟西向低下而疏朗开阔。面对如此环境，聪明的建筑设计师们当然不会墨守"面南而尊"的成规，果断地将佛光寺的布局改为坐东向西，以东为上，使这一组建筑群落坐落在北东南三面环山、西向水口紧缩而中间低凹、山水相伴、朝抱有情的颇为完整的微观地理单元中，从而给予寺院以理想的风水环境。和中国古代的其他建筑一样，佛光寺周以高墙围护，仅西向正面留门以供出入寺院，无论主殿或者厢房、配殿均面向内院，

图2-9 第二进院禅房
位于佛光寺第二院东侧,中部为门洞,穿过门洞拾阶而上通往第三进院的东大殿。门洞两侧各建砖窑三孔,辟为禅房,院内植花草树木,十分幽静,是僧人参禅修行的好场所。

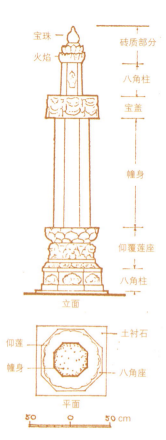 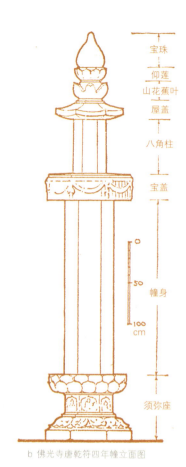

a 佛光寺唐大中十一年幢平面、立面图

b 佛光寺唐乾符四年幢立面图

图2-10 佛光寺唐大中十一年幢平面、立面图及唐乾符四年幢立面图

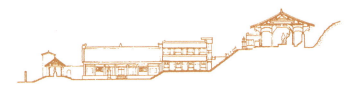

剖面1-1

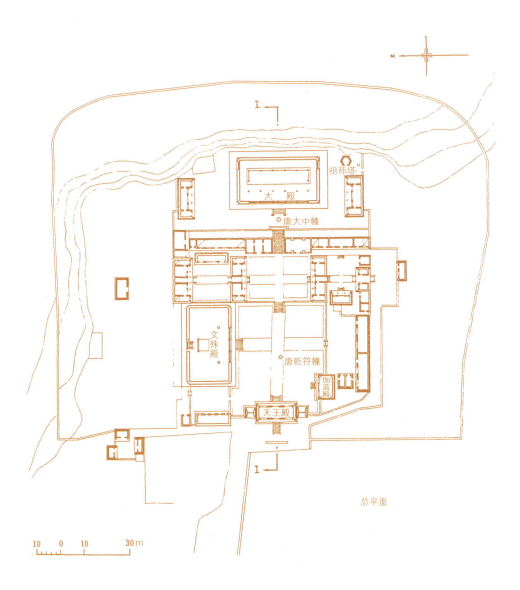

总平面

图2-11 佛光寺总平面、剖面图

以重重墙垣和房舍将主体建筑围于核心，且依地势将供奉主佛的大殿置于至高无上的位置，既具有极强的封闭性和内向性，又突出了佛陀的至尊至贵，而凭借山势高下叠置、错落有致的寺院布局，使中轴对称的传统构建平添了一种气韵生动的新鲜活力。此外，因寺处山野，依地势而建，故佛光寺的建筑既具有一般佛寺的均衡对称、有序排列之特点，亦具有园林建筑追求自然情趣、灵活多变之特色，是佛性意味与中华民族审美情趣珠联璧合的交响乐章。

三、唐建珍品　华夏瑰宝

五台山佛光寺　唐建珍品　华夏瑰宝

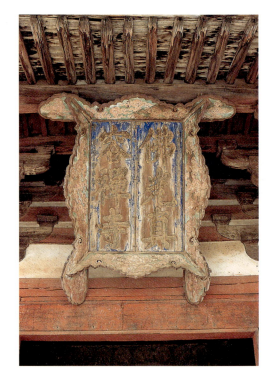

图3-1 东大殿牌匾
位于东大殿明间前檐下，木制，书写"佛光真容禅寺"，字迹肥厚遒劲，颇具唐颜鲁公遗风。

东大殿为寺内主体建筑，建于弥勒阁旧址上，雄伟古朴，居高临下，坐东向西，俯瞰全寺。据殿前石经幢所刻铭文"女弟子佛殿主宁公遇"、"大中十一年十月石幢立"及殿内四椽栿下皮题记相互印证，梁思成先生认为大殿建于唐宣宗大中十一年（857年）。据山西大学历史系教授李裕民先生考证，东大殿的建造年代应为大中九年（855年）九月至翌年（856年）十月，以李说为是。殿前基址高耸，以片石砌筑，高13米。其上再筑高0.9米之台基，于台基上建殿，面阔七间，通面宽34.08米；进深四间八椽，总进深18.12米；面积618平方米。单檐五脊庑殿顶，外涂朱红，不施彩绘。前檐居中五间施板门，两尽间和两山后间砌槛墙，安装直棂窗，余皆筑以厚壁。山墙后间左

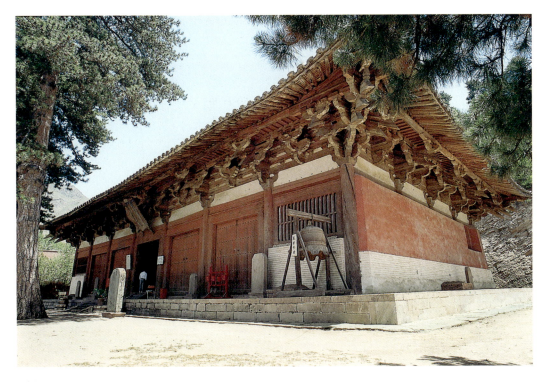

图3-2 佛光寺东大殿

东大殿为佛光寺主体建筑，建筑年代最早，体量最大。它重建于唐大中十一年，面宽七间，通面宽达34米，进深四间八椽，达18.12米，单檐五脊庑殿顶，屋顶坡度平缓，屋檐伸出很远，前檐五间设板门，两边尽间筑槛墙并安直棂窗。柱上施一周七铺作斗栱，硕大雄浑。屋顶一对3米多高的琉璃鸱吻矗立正脊两端，使大殿备显宏敞庄重。东大殿是国内现存唐代木构建筑的代表作，在中国建筑史上占有重要地位。

图3-3 东大殿明间柱头斗栱/上图
位于东大殿明间柱头之上,斗栱七铺作,双杪双下昂。柱头卷刹圆浑,状如覆盆。柱头大斗内颛明显,华栱分瓣,昂为批竹式,整个斗栱肥硕雄健,出跳深远,有力地承托翼出的屋檐。

图3-4 东大殿山面斗栱/下图
位于东大殿南面山墙上,分柱头和补间两种,排成一列,承托山间屋顶。柱头为双杪双下昂,补间只出双杪,其风格在统一中有变化,颇具匠心。

图3-5 东大殿柱头、补间斗栱（正视）
位于东大殿前檐，为柱头斗栱和补间斗栱。柱头斗栱为双杪双下昂，补间斗栱为双杪华栱，斗栱用材为二等材。

图3-6 东大殿转角斗栱/上图

位于东大殿前檐南边转角之上,斗栱双杪双下昂七铺作,承托角梁与翼角椽望,结构精巧繁复,使屋顶翼角深出如飞。

图3-7 东大殿外槽月梁/下图

位于东大殿前檐外槽,梁架分隔为明栿和草栿两种,明栿因设在平闇之下,梁下部砍削规整,形同弯月,故也称之为"月梁"。

图3-8 东大殿内槽柱头斗栱

位于明间内槽金柱柱头之上，斗栱由四跳偷心华栱组成，承托内槽平闇下四椽栿，使其净跨剪力大为减小。

右辟高窗各一供殿内采光。大殿板门四周门槛和地栿为实心枋，门额和立颊用4厘米厚的板材装钉而成。据板门和立颊背面游人墨书题记可知，这些构件都是唐代原物，实属罕见。殿身施檐柱和内柱各一周，计有檐柱22根，内柱14根，分作内外两槽，呈"回"字形布局，形成面阔五间、进深两间的内槽和宽及一间的外槽。大殿在建筑结构上以檐柱、内柱及柱上的阑额组成内外两圈柱架，然后再于柱上施斗栱、明栿、乳栿、柱头枋等部件，将檐柱和内柱紧密连接成稳固坚实的柱网构架。外槽斗栱仅出一跳，而外槽高度约为进深的1.7倍，构成了狭长高深的空间。内槽结构比较复杂，在柱上以连续四跳斗栱承托明栿。明栿上置十字形襻间斗栱，承托平棊枋，在平棊枋形成的方形框格间用小椽做成小方格，上覆素板，即为天花，这样便造了一个比外槽升高的空间，以便在五间内槽各安置一组佛像。高大的主佛像背光顶部微向内弯，与后柱上面的斗栱出跳及天花抹斜部位平行贴合，使得内槽的建筑空间与佛像形成了相互协调的有机整体，内外槽柱、枋巧妙地置于佛像的四周而不致影响观者的视线，不高的佛坛、较主佛像低矮的内柱、内槽顶部的高深空间在无形中增大了佛像的尺度比例，有助于突出佛像的主要地位。檐柱与内柱等高，直径相同，微向内倾，侧角生起显著，角柱亦有明显生起，故使建筑立面显得庄重而稳固。内柱柱础不雕花饰,前檐柱柱础则满雕覆盆式宝妆莲瓣,如盆倒置,每一莲瓣均于中间起脊,两侧凸起椭圆形泡点,瓣尖卷起作如意头,是唐代建筑常见之风格,造型与雕工均极精致。后檐柱和后槽金柱就山崖开凿安装,坚固有力。大殿内、外柱柱头上和柱与柱之间均设置庞大肥硕的斗栱,用以支撑梁枋在柱头的剪力,承托深远翼出的屋檐,将殿顶的重量传递至内、外柱上。根据斗栱的形状、构造和位置,可分为外檐柱头斗栱、外檐补间斗栱、外檐转角斗栱、内槽前柱头斗栱、内槽后柱头斗栱、内槽补间斗栱、内槽转角斗栱共七种,各有不同造型,在结构上都起着一定的承托作用。柱头所施横材阑额伸至角柱,插入柱内不出头,是唐代建筑特色。柱头上未施普拍枋而直接承托斗栱,乃唐代建筑的又一特征。

图3-9 莲花覆盆石雕柱础
东大殿前檐柱下,施覆盆莲瓣石雕柱础,刀法圆浑简练,刚中有柔,表现了唐代高超的石雕技术水平。

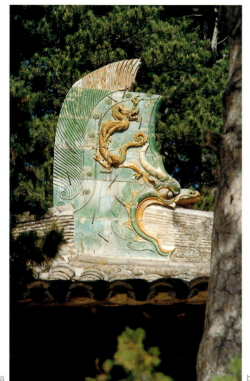 

a　　　　　　　　　　　　　　　b

图3-10 东大殿鸱吻

位于东大殿正脊两端，吻高3.1米，用黄绿琉璃烧制，鸱吻巨口吞脊，怒目圆睁，脊身饰一条黄色小龙，一升一降。两只鸱吻使大殿倍显壮丽刚劲，是雕塑艺术与琉璃烧造工艺的完美结合。

五台山佛光寺

唐建珍品　华夏瑰宝

图3-11 东大殿脊刹
位于东大殿正脊中央，刹高约3米，用黄绿琉璃烧制。刹中部为宝塔，六边形须弥基座下塑金刚力士，力士两边各塑一只巨形龙吻，造型十分生动传神。

图3-12 内檐转角斗栱/上图
位于东大殿东北角，内檐角柱上及两侧补间半栱全部
出偷心华栱，承托下平槫及角梁后尾交会节点。

图3-13 东大殿板门与直棂窗/下图
图为佛光寺东大殿北侧梢间板门与尽间直棂窗。

唐建珍品 华夏瑰宝

五台山佛光寺

筑境 中国精致建筑100

图3-14 东大殿内槽四跳偷心斗栱
图为佛光寺东大殿内槽四跳偷心造斗栱，之上承托月梁，减少了梁栿跨度。

斗栱为七铺作双抄双下昂，作用尤大：两层下昂的后尾均压在四椽栿两端下皮，直接分担着大梁上的负荷，其总高约及柱高之半，加大了屋檐的平出，增添了建筑物的美感，是中国早期建筑的一个固有特征。内槽斗栱伸出华栱四跳，大大减少了四椽栿的净跨荷载。殿顶举折平缓，内部梁架由平闇（方格密小之天花板称"平闇"，疏大者称"平棊"）分隔为"明栿"和"草栿"两大类。明栿在平闇以下、内外柱头斗栱之上，梁架露明，各栿形状皆为"月梁式"，即梁之下部砍削成凹状，如同弯月，两端叠楞，上下弧起，砍削规整，结构精巧，轮廓秀美，局部还保存有早期彩绘痕迹。梁下有许多唐代题字，书写建殿时当地官吏及施主姓名，是了解大殿修建情况的重要文字记录。其中文字为"佛殿主上都送供女弟子宁公

图3-15 东大殿平闇
东大殿梁架有明栿、草栿之分，草栿之下用小方格木条及板材组成平闇，遮去草栿而露出整齐的明栿。

图3-16 东大殿内景/后页
图为东大殿内全景。

遇"的一段题记与殿前石经幢所镌施主铭文相同,证明东大殿乃唐代上都的这位姓宁的有钱女人为主捐资所建。草栿在平闇之上,梁架隐匿于天花板内,不易望见,制作较粗糙,用材略大,完整地保留了中国早期木构建筑的原始特征。平闇以上仅用大叉手支承,无驼峰与侏儒柱之设,是汉、唐时期的固有规制。殿顶全部用板瓦仰、覆铺盖,不扣筒瓦,檐头用重唇花边瓦作滴水。殿顶五脊皆用瓦条垒砌,脊兽为黄、绿色琉璃制作,一对高达3.1米的琉璃鸱吻矗立于正脊两端,使大殿显得愈加壮丽而刚劲。东大殿宏敞雄浑,气势壮观,庄重古朴,结构精巧,技法纯熟,其建筑结构和造型达到了高度的和谐与统一,是海内现存唐代木构建筑之代表作,也是中国古代建筑中的瑰宝。

如何妥善地保存和保护这座无价之宝的唐代建筑佛光寺东大殿,确是一大难题,令承担保护责任的文物部门如履薄冰。1994年春,寺宇背后油性极大的松树林山火骤起,火借风

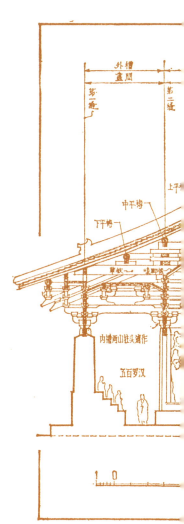

图3-17 东大殿板门
图为佛光寺东大殿明间、次间板门。

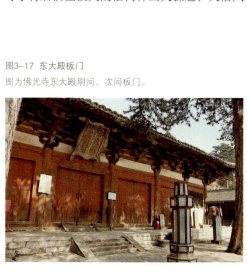

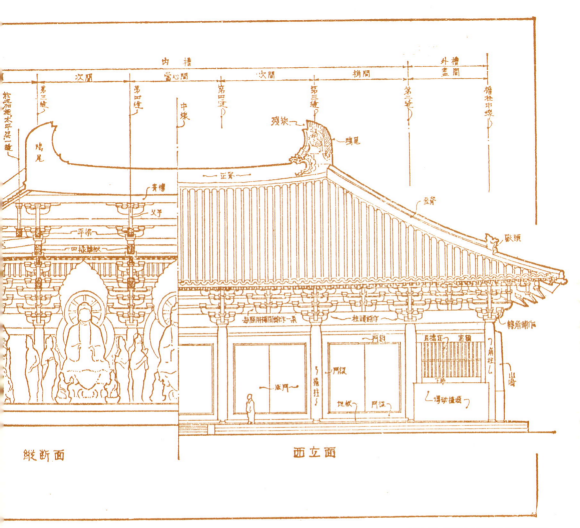

图3-18 佛光寺大殿正立面及剖面图

五台山佛光寺　唐建珍品　华夏瑰宝

图3-19 佛光寺大殿侧面图

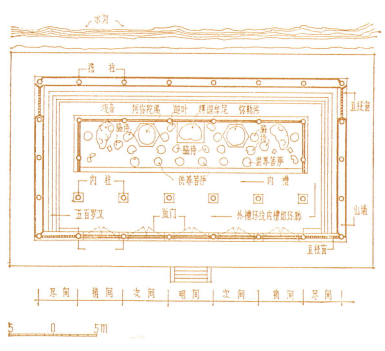

图3-20 佛光寺大殿平面图

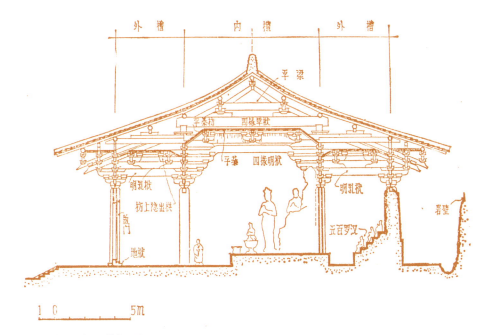

图3-21 佛光寺大殿当心间横断面图

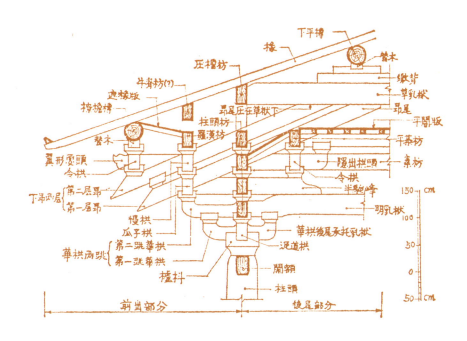

图3-22 佛光寺大殿外檐柱头铺作

势，向西蔓延，以不可阻挡之势直扑佛光古刹。眼看稀世珍宝唐建大殿行将毁于一旦，不期风向突变，浩浩西来的大风折而向东，使熊熊大火在即将进入古刹的一瞬间借风向之变而离去，于是灾星远遁，化险为夷。人们额手称庆。如此结局真是不可思议。但无情的大火不知因着什么缘由而有情地离去却分明向人们提出了警告：古建防火，慎之又慎，若不采取有效措施而致国宝被毁，罪莫大焉！

四、唐代彩塑

东大殿佛坛宽及五间，深约5米，高0.74米，上面满布各种彩塑35尊，均比例适度，姿态自如，面型丰满，线条流畅，是中原地区极为罕见和珍贵的唐代彩塑艺术品。这些塑像虽经后世重妆，但躯体、相貌及衣饰等风格仍不失唐塑特征。五间佛坛上各间均有主像一尊，十分高大，通高7米，分别为释迦牟尼佛、弥勒佛、阿弥陀佛、文殊菩萨、普贤菩萨，各有胁侍立于左右。这种将释迦牟尼、弥勒、阿弥陀诸佛一字排列同殿供奉的形式，是中国佛教净土宗所遵从的规制。净土宗是依《无量寿经》、《观无量寿经》、《阿弥陀经》、《往生经》等提倡观佛、念佛，以求往生西方阿弥陀佛极乐净土为宗旨而形成的宗教。该宗奉莲社之旨趣，愿求莲邦之宗门，故亦名"莲宗"。东晋时山西籍僧人慧远与北魏时曾在佛光寺出家后在山西交城玄中寺创建净土宗道场的高僧昙鸾同为该宗之先驱。居中主像为降魔释迦牟尼，结跏趺坐于长方形须弥座上，面相庄严，神态慈祥，螺旋发式，前额宽平，双眉弯曲，两眼下视，面颊丰满，颈项粗壮，身着右袒袈裟，衣领自左肩斜坡至右腋下，衣褶垂于座上，胸大部外露，右臂下垂，将右手置于右膝上，五指微开向下，手势作"触地印"（密宗手印，即以手掌和手指的姿势辅助表达），左手捧钵置于腹前盘曲的右腿上，身后有制作精巧的由火焰纹、光圈及大型法轮组成的背光。释迦佛像塑造得肩宽、胸厚、腰细，形体生动优美，其造型已超脱了传统手法而渐趋人格化和写实。释迦佛右侧侍立弟子阿难，前额高宽方正，两眼半睁，目光

图4-1 佛光寺东大殿彩塑群像
东大殿内佛坛上完整地保存了唐代彩塑35尊，像高度不一，大像约高4—7米，小像约1.5米。这些塑像或坐或立，刻画得十分逼真，表现了唐代艺术家的高超艺术水平。

五台山佛光寺 | 唐代彩塑

图4-2 释迦牟尼佛/上图
为东大殿主像，位于明间中央位置，释迦佛跏坐于长方形须弥座上，面相慈悲庄严，衣褶垂于座下，手势作触地印。左右侍立迦叶、阿难两弟子和胁侍菩萨。

图4-3 阿弥陀佛/下图
位于东大殿右次间，主像阿弥陀佛结跏而坐，高达约7米。两边胁侍菩萨高约4米，最前面为供养菩萨，高约1.5米。

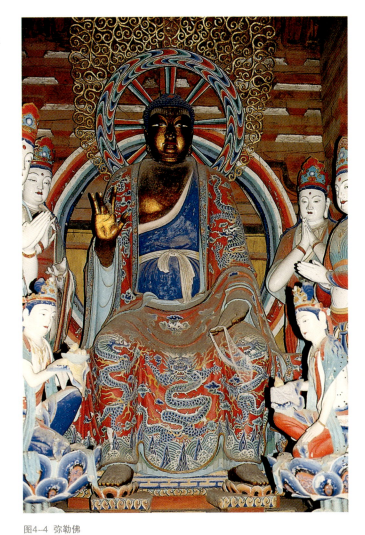

图4-4 弥勒佛
位于东大殿左次间,主像弥勒佛,双膝垂坐,两边胁侍五六尊胁侍菩萨。

五台山佛光寺 | 唐代彩塑

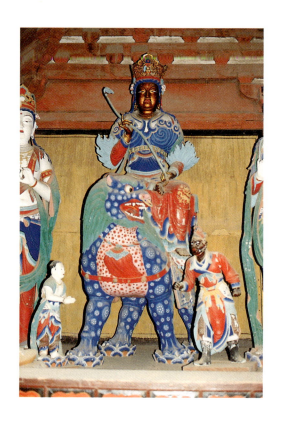

图4-5 东大殿文殊菩萨
位于阿弥陀佛之右侧，文殊菩萨手持如意，端坐于狮背，狮子塑造颇为生动，前有牵狮武士獠蛮和一童子，身材不高，但很传神。

前视，鼻直口小，双耳扁长，颈项粗短，身着袈裟，宽绰潇洒，领口左右斜交而胸不外露，两臂向内弯曲，右手抬至胸前，拇指与中指相扣而食指、无名指、小拇指均向上翘，掌心向下，左手掌心则朝上而拇指和中指上屈，腹部微向前凸，面俊秀，态安详。弟子迦叶侍立佛祖左侧，前额高凸，眉毛粗重，双目凹陷，鼻梁高直，颧骨隆起，嘴唇紧闭，面部皱纹明显，身着袈裟，袒露右肩，臂膊上垂下曲，双手重叠握合，左右食指相交作"人"字状，神态恭谨虔诚，显得老成持重，饱经风霜。弥勒佛在南次间，头部发式与释迦牟尼相同，身披袈裟，半结跏趺坐于须弥座上，双足下垂，脚踏莲蒂，面相庄重宁静，眼睛饱满，嘴唇宽

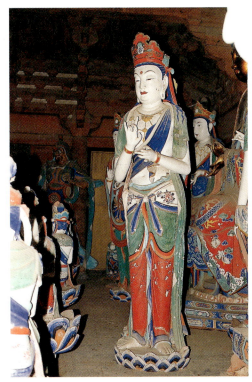

图4-6 东大殿普贤菩萨/左图
位于弥勒佛左侧，普贤菩萨骑于象背，有力士拂霖为之牵象。两边胁侍菩萨和供养菩萨，比例适度，神态自然。

图4-7 东大殿胁侍菩萨/右图
胁侍菩萨高约4米，身体向前微倾，上体半裸，腰围锦裙。面形丰颐圆润，眉弯眼垂，半睁半闭。腰肢微向侧面扭曲，腹部微微凸起，肌肤细腻洁白，表现了一种素面如玉，姿态绰约的唐代贵族女性风度。

图4-8 胁侍菩萨与阿难
位于东大殿明间主佛释迦佛右侧。同是佛祖侍者,却表现了菩萨和罗汉的不同个性特征。

图4-9 胁侍菩萨/对面页
位于东大殿佛坛之上,胁侍菩萨作女性装束,身姿微曲,双手合十,表情肃穆,具有东方女性贤淑端庄的特征。

厚,左臂垂直向下,肘部弯曲,手指并拢,掌心向上,平放于左膝上,右臂上直下弯,掌心向前,五指张开,唯中指弯曲前伸,正在讲经说法。身后有由法轮、光圈与火焰纹组成的背光,体形较释迦佛明显肥大,腹部粗壮,但与常见之大肚弥勒佛形象殊异。阿弥陀佛在北次间,结跏趺坐于须弥座上,正披袈裟,头部发式为丝状,分两层盘于头顶,眉根挺拔,眉梢对称弯曲,双眼半睁,目光下视,嘴角线条突出,神态怡然自得,下巴平缓,两肩圆滑,双臂上垂下曲,两手抬至腰部,右掌心朝下,四指拈花,小指翘出,左掌心向上,五指微开,自然伸屈,头部及身后亦有光圈、法轮与火焰纹。文殊与普贤二菩萨分别在南北两梢间,高3米多,文殊骑狮,普贤驾象,或捧经卷,或

五台山佛光寺 | 唐代彩塑

图4-10 东大殿罗汉群像
位于东大殿两山墙和后槽，塑有五百罗汉群像。塑像以写实手法，突出个性塑造。佛国高僧被塑成世俗人物，脸型或方或圆，表情有喜怒哀乐，眼神左顾右盼，使一尊尊栩栩如生的形象脱壁而出。

执如意，裸胸露背，头戴花冠，胸垂璎珞，腕约宝环，鼻小巧，口端正，面圆润，腮丰满，神态温婉娴静。主像两侧及前方各有胁侍菩萨和供养菩萨像五至六尊，高度不一，造型生动，身体微向前倾，上身半裸，面相丰满圆润，修眉弯曲，眼睑低垂，二目半睁，鼻梁端正秀丽，嘴唇上翘，下巴小而圆滑且皆为双层，腰肢向侧面扭曲，腹部微隆，肌肤细腻，姿态柔和，是典型的女性形象。其中供养菩萨像的塑造尤为生动，高冠束发，璎珞垂肩，上身裸露，面颊丰腴，眉清目秀，双腿半蹲于莲台上，手捧果盘，虔诚礼佛，蹲于当心三间前沿高蒂仰莲座上，姿态传神。这些菩萨像已完全女性化，集中体现了唐代彩塑的艺术成就，其身段处处显着女性的曲线美，眉宇间及面部、四肢除了几分端庄与矜持之外更多的则是善良和温柔。她们已不再是天国的神仙，而是更接近于山乡的村姑和王室的宫女，仿佛从躯体中流露出一种蓬勃向上的女性青春活力。菩萨造像由南北朝宋齐时期的"挺然丈夫之像"

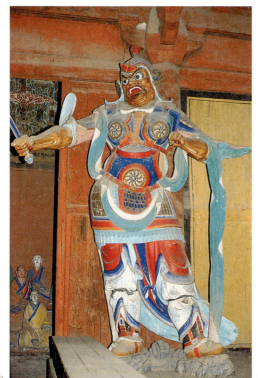

图4-11 天王
位于东大殿佛坛尽间左右两侧。金刚身穿武将甲胄，手持宝剑，作忿怒护法像。形体粗犷，硕壮有力，对上身有意进行了夸张变形，重点突出头、胸、腹部，充分表现出护法金刚"力拔山兮气盖世"的神威。

历经隋朝迄唐而逐渐女性化,正是佛教为"取悦于众目"迎合世俗欣赏要求而产生的变化,同时也是因为唐代雕塑匠师们重"塑性"不重"佛性"的创作倾向而成为时尚所致。唐代雕塑艺术成就的卓著与辉煌,以及对先辈模式的突破,正体现于兹。佛坛上还有与真人高度相近的较小塑像,分别为拂菻牵狮、獠蛮引象及韦驮、童子等,姿态庄重,亦较传神。佛坛前方左右两隅有高达4.1米的护法天王像二尊,彼此遥相对峙,体形高大,胸部隆起,肌肉块状明显,头戴金盔,身裹甲胄,手执长剑,瞠目怒视,威而不恶,壮而不怖,雄健刚劲,腹部塑造遒劲有力,在腰带的束缚下紧绷绷地鼓凸出来,似乎稍加用力便可使腰带断裂,颇

图4-12 宁公遇像
塑像位于东大殿佛坛南侧,略与真人尺寸相等。宁公遇是建造佛光寺的一位主要施主,为东大殿的修建作出了重大贡献,其塑像采用写实手法刻画出这位唐代贵族妇女雍容华贵和虔诚供佛的形象特征。

具古代武将风度。此外在佛坛南侧靠墙处还有中年女像一尊，南梢间窗下山石台座上有高僧像一尊。这是两尊真人肖像作品，一个是捐钱修殿的施主佛门女弟子宁公遇，一个是主持建寺的高僧愿诚和尚，均为佛光寺的重建作出了巨大贡献。给真人塑造或绘制肖像古已有之，画史上多有记载，谓"写真"、"写貌"、"真容"、"素影"等。传神的绘画肖像作品如《历代帝王图》等今天还可见到一些，而泥塑肖像作品则所存无几，唐代遗作尤其罕见。愿诚和尚像是国内现存最古的高僧写真像，其前额隆起，颧骨高凸，面部结构轮廓分明，半披袈裟，拱手端坐，神态在安详从容中略呈冷漠，性格深沉内向，泥塑艺术大师用写实的手法刻画了一位老成持重学识渊博的高僧形象。宁公遇为中年女性，年龄在四十岁左右，袖手结跏而坐，身着大领衣，内衣领翻覆于外衣领上，项披云肩，双手置于腹前，面部丰满，容貌端庄，泰然中流露虔诚，表现了唐代贵族妇女雍容华贵、养尊处优、诚心供佛的形象特征。一个四十岁出头的妇女能够捐巨资修建佛寺而为"佛殿主"，这位宁公遇女士必然不是寻常人家的主妇，可想而知是上层社会生活中有着复杂背景的人物。在大殿梁栿上的题记中与宁公遇女士之名赫然同列者乃"功德主故右军中尉王"。据专家推断，这位修殿时已经故去的王姓右军中尉极有可能就是唐宪宗元和年间（806—820年）迄穆宗长庆年间（821—824年）当宦官的王守澄。在全方位开放的唐代社会，虽遭阉割却财势俱旺的宦官多有娶"妻"成"家"者。看来宁公遇女士和王守澄

图4-13 供养菩萨

位于东大殿佛坛之上，略与真人等大。供养菩萨半蹲半跪，一手抚膝，一手捧仙桃，上身微裸，下身着肠裙，脸型圆润，面带微笑，完全是一个天真美丽的平民少女形象，被誉"东方维纳斯"。

五台山佛光寺 | 唐代彩塑

的关系非同一般，不是其"妻"便是其"养女"并且深受恩宠，在其离开人世后继承了大笔遗产，因而有足够的财力为佛寺的修建而捐献巨资，以满足她皈依空门诚心向佛的强烈愿望。中国古代寺院佛像一般一殿仅塑一至三尊主像，突出主佛，忽略侍从，因而气势不大。佛光寺东大殿彩塑则打破了这一惯例，塑有主像五尊，其余胁侍菩萨、供养菩萨、护法天王、拂霖、獠蛮等凡30尊，故显得场面壮阔、生动活泼且主从有序，各具神态，或庄严，或慈祥，或英武，或虔诚，或大或小，或侧或正，或坐或立，或蹲或跪，形象各异，组成了一个极有韵律变化的富丽堂皇的境界，构成了海会云来的说法场景，显现出中国佛教鼎盛期的艺术成就。佛坛下依山墙及后壁砌砖台凡三级，上塑五百罗汉像（实存296尊），为明宣宗宣德五年（1430年）补塑，其艺术成就及文物价值自然无法与唐代塑像相比，故不予赘述。

五、唐代壁画

五台山佛光寺 | 唐代壁画

东大殿内槽栱眼壁（斗栱与内额之间的木板）外侧和明间佛座背面还保存有15幅32平方米唐代壁画。中心一组是佛说法图，主要在栱眼壁上。居中莲座上绘阿弥陀佛，双手合十，静谧安详，两侧绘观音、大势至二菩萨，合称"西方三圣"。菩萨簪花发髻缀头，身着青绿色衣裙，因年代久远业已漫漶不清。左、右两组以文殊和普贤二菩萨为中心，各有胁侍菩萨及天王、飞天等相伴，作赴会行进状，场面壮阔，人物众多。壁画两端绘僧、俗供养人像，北边一列绘披裟裰僧徒，南边一列绘身着高冠广袍之官吏。这一组画面更显漫漶，色调以青绿为主，浑厚深沉，与敦煌莫高窟之唐代壁画几无二致。明间佛座背面束腰部分的壁画是1964年拆除两端堵塞的泥壁后才发现的，画面较清晰也较生动。今尚残存之壁画高30厘米，长80厘米，按画面可分为左中右三部分。左为天王像，戴盔披甲，执剑前奔，眉峰高耸，嘴唇呲裂。其下为二鬼怪，赤身露体，面目狰

图5-1 佛光寺唐代壁画一位于东大殿明间佛座后侧，1964年始发现，色泽线条保存如初。全画长1米，高0.35米，此为画面右半部分，内容为毗沙门天王手持宝剑，降魔伏妖，天王旁胁侍天女，簪花双髻，手托花束。画面设色以朱砂、石绿相间，颇有吴道子画风。

图5-2 佛光寺唐代壁画二

此幅为上述唐代壁画的左半部分,画面表现了两位力士,一穿豹皮,怒目躬身,镇压猴妖;一裸上身,似快步追随于后。两力士威猛有力,形神兼备,与右面画幅联系呼应,在构图、设色及用线上均有很高的造诣。

五台山佛光寺　唐代壁画

图5-3 佛光寺唐代壁画三
位于东大殿前槽栱眼壁上，表现了众菩萨说法内容，人物用线简练，面相丰颐。

狞。侧面站立一女，双髻高梳，发际簪花，宽袖长裙，衣带飘逸，右掌托花，左手持盂，盂内燃香，香烟袅袅，色调简朴而线条有力。中为镇妖图，画面上的神官头戴幞巾，身着翻领豹皮袍，双目圆睁，须眉直立，手擒妖猴。右为手执长杵之神官，上身袒露，腰系豹皮短裙，头披长发，青面獠牙，赤足左伸作追妖状。右上角绘三爪神龙，张牙舞爪，一位小妖赤身裸体，惶恐万状，跌倒在地。这组壁画的主题是降魔镇妖，护卫佛法，从形式到内容均较简洁，反映了当时的世俗现实生活，寄托了人世间的情趣。画风于刚劲中见细腻，圆熟中显洗练，用笔因所绘人物性格的不同而有所不同，或洒脱，或顿挫，或活泼流畅，或富有节奏感，手法淳古，笔墨酣畅，与敦煌壁画极为相似。东大殿唐代壁画现存面积虽然不大，但却是除敦煌莫高窟外寺观中仅存的唐代遗物，十分珍贵。

六、金代遗构文殊殿

五台山佛光寺 金代遗构文殊殿

图6-1 佛光寺文殊殿
位于佛光寺第一进院北侧，重建于金天会十五年（1137年），大殿坐北朝南，面宽七间，进深四间，单檐悬山屋顶。殿内梁架采用"减柱、移柱"和大跨度复梁结构，使屋内空间非常宽敞。

文殊殿建于金熙宗天会十五年（1137年）坐北向南，虽为寺内配殿，但规模与主殿相近，面阔七间，通面宽32.8米；进深四间八椽，总进深18.6米；总面积610平方米。单檐悬山顶，檐下施单昂五铺作斗栱，殿顶以灰色蝴蝶瓦覆盖。大殿形制特殊，结构精巧。在国内现存早期建筑实例中，七间悬山顶配殿惟佛光寺独存。殿身前檐居中三间施板门三道，两梢间安装直棂窗，两尽间砌墙，后檐明间亦施板门两扇，前后可以穿行。檐柱上施斗栱承托屋檐，较东大殿的唐代斗栱显得纤巧。前檐明、次三间补间斗栱上斜出华栱二层，雄浑宽大，犹如怒放之花朵，具辽、金建筑特征，更增添了建筑外观的富丽感。殿内金柱大量减去，全殿前、后槽仅用金柱四根，后槽两根金柱设在明间两侧，前槽两根金柱设在次间两侧，使殿内空间显得格外宽敞，宜于佛事活动。殿内梁架随着柱子的减少而发生相应变化，前、后槽均用内额，内额之上架四椽栿及平梁。前槽两根金柱立在次间与梢间的间缝

图6-2 文殊殿前檐柱头斗栱/上图
位于文殊殿前檐明间柱头之上,斗栱五铺作,耍头作昂形。外观颇似单杪双昂形式。

图6-3 文殊殿内檐斗栱/下图
位于文殊殿前檐明间内檐之上,为补间斗栱,五铺作,左右各出45°角斜栱,具有较强的装饰作用。

五台山佛光寺　金代遗构文殊殿

图6-4 文殊殿石雕柱础/上图
文殊殿内金柱之下，为金代石雕柱础。柱础用浅浮雕手法，雕成覆盆式莲瓣图案，莲瓣翻卷，线条刚柔相济，颇具功力。

图6-5 文殊殿彩塑/下图
文殊殿正中佛龛内，塑彩绘泥塑七尊，为金代建殿时所塑，主像文殊菩萨端坐狮子之上，手持如意，全身贴金，面相肃穆慈祥。两边胁侍二菩萨和二侍者，虔诚恭谨。还有一小童，塑得稚气可爱。为文殊牵狮的獠蛮勇武威猛，颇有几分胡人气质。

图6-6 佛光寺文殊殿板门/上图
图为佛光寺文殊殿明间板门。

图6-7 文殊殿板门与直棂窗/下图
图为佛光寺文殊殿次间板门与梢间直棂窗。

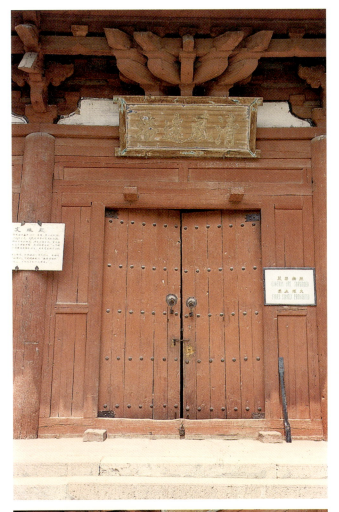

图6-8 文殊殿内景/上图
图为佛光寺文殊殿内部空间布局,由于采用减柱、移柱及大内额做法,使内部使用空间大为增加。

图6-9 文殊殿前檐斗栱/下图
图为文殊殿前檐柱头、补间及转角斗栱。

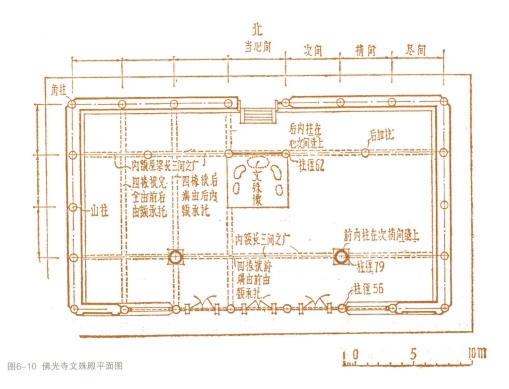

图6-10 佛光寺文殊殿平面图

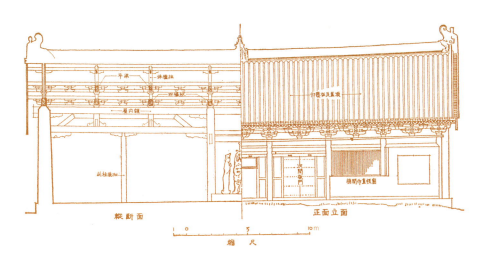

图6-11 文殊殿纵断面、文殊殿正立面图

上，故金柱之间跨度甚大，达三间面阔，内额长14米以上，并附设由额一根。柱头用长大的雀替支撑，梢间至山墙柱间再用瘦小的内额相连。后槽金柱立在当心间，其两侧各跨三间，上、下施瘦小额枋两层，其间置枋木和斜材传递负荷，组成近似人字形屋架之柁架，其结构处理可谓新颖大胆，为海内古建筑中的先例。殿内无平闇，梁架全部露明。殿顶瓦条垒脊，正脊两端起翘显著，屋顶正脊中部的琉璃脊刹是元惠宗至正十一年（1351年）补制，造型秀丽，色泽浑厚。殿内当心间佛坛上塑文殊菩萨及侍者像共6尊。中为文殊菩萨，全身贴金，以狮为座，头戴金冠，身着法衣，胸前束作巾带状，双耳垂肩，二目平视，眼较细长，眉毛呈半圆形弯曲，鼻梁窄长，右手半举，掌心向上，拇指与无名指内屈，左手平放于左膝，掌心亦向上，右腿盘曲，左足下垂踏于莲蹬。座下青狮昂首前视，张口卷舌，形象威猛，造型生动。拂霖位于文殊左前方，浓眉大眼，蓄有

图6-12
文殊殿当心间横断面图

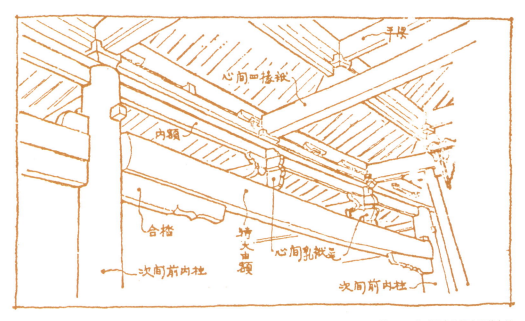

图6-13 文殊殿当心间次间前内额

短须，着束袖紧身衣，左手握拳，垂至胯侧，右手伸展执辔。其余胁侍及供养人等或坐于莲座，或站立佛坛，或举手合掌，或手拢袖中，或披衣袒胸，或腰束罗裙，姿态不同，神情各异，围绕文殊菩萨形成了一个和谐的整体，俱为金代遗物。四周墙壁下部绘五百罗汉壁画（实则245尊），构图用笔均有特色，据殿前所存清圣祖康熙六十年（1721年）重修文殊殿落成碑记称，明"弘治重修，金妆圣像，壁画罗汉若干躯"，可知系明孝宗弘治年间（1488—1505年）补绘。

七、砖塔荟萃 古刹增辉

五台山佛光寺　砖塔荟萃　古刹增辉

寺内东大殿南侧有祖师塔，造型古朴，据其建筑形制和艺术风格分析，可能是北魏孝文帝时期创建佛光寺的开山祖师之墓塔。塔通高8米，二层六角形，用青砖叠筑，外壁涂抹白灰，由塔基、塔身、塔刹三部分组成。塔基分六层，中部束腰，逐级收分，整体平矮，至第六层再起台阶，上盖六角形小屋，即塔身之底层。底层塔身中空，塔室略有收分，西向辟门，其形制为略呈扁平的拱券门，门顶以莲瓣形火焰纹作券面妆饰。六角形塔室乃塔体之主要部分，上、下平素无饰，顶部微出叠涩一层。涩下砌砖雕斗栱，各角施一朵，其上再出叠涩一层。叠涩之上密列莲瓣三层，其上又出叠涩六层，构成底层塔身之檐部，出檐甚远。檐上以反叠涩收进作底层屋顶，其上作须弥座式平台。须弥座平台上部每面均雕刻简单的壸门，转角处砌筑瓶形束矮柱。下部筑方涩四层，上作覆莲瓣，每面六瓣。其上为束腰，作仿木制胡床形式，与内部塔体脱离，每角均设立瓶形角柱。束腰上小下大，收分甚紧。束腰上部叠涩之上又出仰莲瓣三层，以承上层塔身。上层塔身为实心，六角均砌筑倚柱，柱头、柱腰和柱脚皆以仰莲一朵捆束，每朵五瓣。塔身西向饰火焰形券拱假门，近券顶处镌刻旋纹，两侧雕假破子直棂窗，表面以朱色

图7-1 祖师塔/对面页
位于东大殿南侧，为两层砖塔，塔身平面六角形，下层西面辟拱券式门门洞，门上饰火焰形门楣，再上砖砌仿木单栱小斗，以莲瓣和叠涩构成塔檐。檐上平座为束腰须弥座，上下雕仰覆莲瓣。二层塔身略同一层，塔刹为覆钵、宝珠。据塔的形制估计，应为北魏时遗物。

画出部分结构作楼阁装饰。柱头间画额二层,额内画五个矮墩,额以上画人字补间铺作,斗下两脚之间画垂带及弯线妆饰,这些画饰惜于修葺塔身时被毁。六角柱上作出角梁头,梁头间出涩一层,其上再出三层莲瓣,叠涩一层,成为上层塔身之塔檐。塔刹以仰覆莲作座,其上再施仰莲一层。仰莲之上施六瓣覆钵,再上出莲瓣二层,承托塔顶宝珠。祖师塔底层简洁明快,上层妆饰略显华丽,造型奇特,海内少见,其外观形制、局部装饰、细部做法呈中国早期塔式建筑的某些特征,同时亦具印度窣堵坡建筑的诸多风格,是中、印文化交流的一个实证。

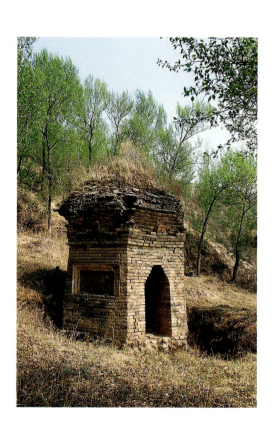

图7-2 佛光寺大德方便和尚塔
位于东大殿墙外东南方向山腰上,平面方形,有题迹,但已漫漶。

图7-3 佛光寺无垢净光塔
位于东大殿墙外东南方向山腰上,平面圆形,下部为须弥基座。

解脱禅师塔在寺西北塔坪里,建于唐穆宗长庆四年(824年)。解脱禅师为隋、唐之际著名高僧,俗姓邢,五台县台山夹川人,七岁出家,二十岁于五台昭果寺剃度,居佛光寺,精研佛理,景行禅观,"远近辐辏,请益如流,咨承教诲,日盈万指。师之德业,如庆云之庇于八方,若甘雨之润于百谷,四方衲子无不瞻依。师凡激励于人,唯严唯谨。彼时未成丛席,故露坐者多,遂使瓶钵绳床映满林薮……然不出其寺垂五十年,学成禅业者将千有余人。"(唐·慧祥《古清凉传》卷上)解脱禅师是振兴五台山佛教,特别是佛光寺禅宗佛教的中坚人物,其懿德美行使佛光寺成为蜚声海内外的一大禅林而垂诸史册。唐高宗永徽中年,禅师"㞦然坐化在山窟中"。解脱圆寂百余年后,众比丘起塔树碑以志念。塔平面呈正方形，下部为片石砌筑之台座。塔身通高约10米，以砖石砌筑，砖面刻有绳纹图案。塔身自下而上收分特急，腰檐则愈向上而愈大。底层特高，以上明显缩短。底座平矮，收涩二层，为束腰须弥式。上起方形塔身，四角直线，上、下无收分，高度约占全塔通高之半，每面宽3.95米。塔身中空，内部为方形塔室，每边长1.96米，顶部为叠涩藻井。南向辟券拱门，门形高窄，顶呈半圆，并有曲带装饰。顶部起檐，叠涩九层，再以反叠涩收进作顶坡。顶坡上施仰莲，仰莲上施山花、蕉叶一道，上起第二层塔身。第二层塔身为楼阁式，隐刻柱、枋等仿木构件，手法简略。再上叠涩出檐五层，以承塔刹。塔刹有刹座、覆钵及受花，惜宝珠今已不存。此塔虽不甚高大，但造型奇特，以与下部塔身相似的小塔作刹顶，这种形式尚不多见。塔身上半部分以巨大莲瓣环绕，使上部塔身犹如花束，当是开拓了宋、辽、金以前花塔之先河。解脱禅师塔以朴素、简洁、大方、清新的唐风而引人瞩目。

大德方便和尚塔在寺东山腰，唐德宗贞元十一年（795年）建造。大德方便和尚即释无名，俗姓高，祖籍渤海，是宦官高力士之孙，原在东都洛阳同德寺，贞元六年（790年）至五台山，九年（793年）坐化于佛光寺，十一年（795年）火化，泽潞节度使李抱真建塔勒

图7-4 佛光寺祖师塔局部/对面页
位于东大殿南侧，为祖师塔局部。

石以祀之。塔平面为六角形，通高4米，是一座简单的单层亭阁式塔。塔身中空，内室为六角攒尖顶，叠涩砌筑，简朴无饰。塔身西向辟门，塔门用青砖叠涩挑檐砌筑，结构简洁。塔身之上斗栱承檐，檐上镌刻山花、蕉叶。塔刹残毁，塔门外北向塔身镶嵌《唐东都同德寺故大德方便和尚塔铭并序》石碣一通，记事颇详，并有"贞元十一年五月二十五日"造塔时间落款。唐以前我国古塔多为方、圆两种形制，六角或八角形者颇少见。此塔和佛光寺其他唐代同类墓塔弥补了这个不足，极为珍贵。

无垢净光塔在寺东山腰，唐玄宗天宝十一年（752年）建造，平面呈八角形，下部为叠涩束腰须弥座，石灰抹面，上有深红、淡黄色彩画和莲瓣等装饰图案。塔身残坏，正面辟门，两侧为窗，上部每角施斗栱一朵以承托塔檐，檐上又用斗栱支撑平座。平座之上建上层塔身，正面设假门，门上施普拍枋。塔身每角各施斗栱一朵，斗栱上为第二层塔檐。檐上筑矮墩，顶端已毁。据基石前面阴刻塔铭记载，"大唐天宝四载（745年）十一月十五日，博陵陉邑县西子口村为国敬造台山佛光寺无垢净光塔玉石释迦牟尼佛一躯"，此物后来被发掘出土。同时出土的还有阿难、迦叶两弟子及菩萨、金刚等汉白玉雕像和墓门石与柱础等物，均系建塔时原作。释迦像通高1.08米，宽0.52米，厚0.37米，其中佛像部分高0.55米，结跏趺坐于须弥座上，发卷作犍陀罗式，面相丰满，体形肥硕，右袒胸臂；须弥座上镌刻莲瓣、花卉，雕工细腻；须弥座下为基石，高0.1

米。阿难像高0.82米，宽0.17米，厚0.15米；迦叶像高0.87米，宽0.17米，厚0.15米。两弟子像线条简洁，衣纹流畅，神态谦恭，略施彩绘，站立于莲台之上，与释迦像同为汉白玉雕像之珍品，菩萨造像贤淑，金刚造型雄健，两像比例适度，面型丰满，线条流畅，亦系不可多得之唐代优秀艺术品。墓门石平面呈半圆形，直径0.62米，厚0.05米，上镌"大无垢净光塔"六字，并有浅刻花纹图案。柱础为八角八面，厚0.19米，中央系圆形石面，四围雕狮八躯，已开始风化，但体态、线条仍明显可见，均系唐代遗物。

志远和尚塔在寺东山腰，唐武宗会昌四年（844年）建造，全部为砖砌，下部是八角形须弥座，座上砌圆形覆钵式塔身。塔身中空，西向辟门，其余各面俱设假门。门为圆拱形，门颊和上额均用石料制作，门额以上为半圆形门头墙。顶部有较大塔刹，已毁，但扁平须弥式刹座仍清晰完好，可知塔刹当为砖砌宝瓶或宝珠式。志远和尚塔形体秀美，其形制为国内所仅见，十分珍贵。

吴公和尚塔在寺西北塔坪里，全称"吴公唯识戒师和尚预修之塔"，建于金章宗泰和五年（1205年），平面呈六角形，是一座单层亭阁式砖叠花塔，通高约5米，下部施须弥座二层（底层束腰以下已全毁）。塔座较高，为六边形。座上塔身六面嵌石，南面门额石上镌刻题记，面砖干摆，内灌白灰，上部起檐。塔檐用青砖叠涩挑出菱角牙子三层，檐下普拍枋和阑额上施三杪砖雕斗栱，补间施斗栱一朵，显得繁复纷纭而又富丽堂皇。檐头覆板瓦一层，板瓦上再铺板砖一层，砖层上反叠涩收进为坡顶，顶上置六角形仰盂。仰盂上承莲瓣五层，粗犷豪放，体积高大，排列巧妙，上下重叠，拥簇塔尖，犹如怒放之莲花，惜顶部塔刹已毁。吴公和尚塔造型美观，线条流畅整齐，洁净洗练，给人以清心悦目之感。

八、佛光寺与日本招提寺金殿的比较

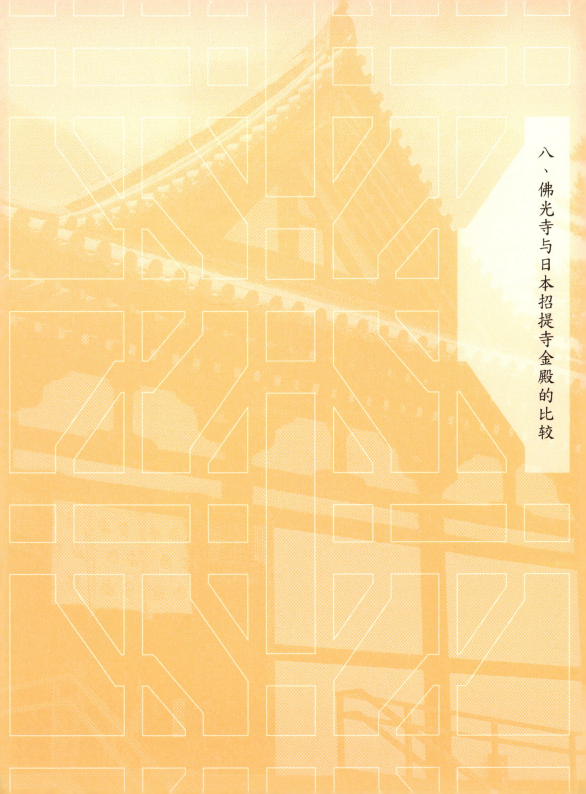

五台山佛光寺

佛光寺与日本招提寺金殿的比较

随着时间的推移和时代的嬗变，自然的雷电风雨剥蚀及地震摇撼，人为的毁坏拆卸及兵燹焚烧，朝代的更迭及政局动荡所酿造的祸害隐患，特别是迭遭历史上著名的北魏太武帝拓跋焘、北周武帝宇文邕、唐武宗李炎、后周世宗柴荣"三武一宗灭佛"等法难，致使以木构架为主体的中国古代佛寺建筑大量被毁，能够幸存下来的早期木构建筑当是凤毛麟角而极为罕见。迄今为止，中国已发现的木构建筑最古者为唐代遗物，凡四座，均在山西境内，即五台县佛光寺东大殿和南禅寺大佛殿、平顺县天台庵正殿、芮城县广仁王庙正殿，唐代以前者则荡然无存。其中的广仁王庙为民间祭祀性祠庙，南禅寺大佛殿及天台庵正殿虽为佛殿，却规模较小，气势恢弘巍峨壮观者则以佛光寺东大殿为最，非其他三座殿堂可与之相比肩。从规格、规模和规制上来讲可与佛光寺东大殿进行比较者，则只有与中国一衣带水且受中国文化影响较深的日本国奈良招提寺金堂了。奈良招提寺金堂是中国唐代律宗高僧鉴真和尚东渡日本后在大抵相当于唐肃宗乾元二年（759年）时所建，比佛光寺东大殿早了近一个世纪。两寺虽然不在同一国度且在空间上相距千里之遥，在时间上相隔近百年，但毕竟都是中

图8-1 日本奈良唐招提寺金堂正面(李若水 摄)

图8-2 日本奈良唐招提寺金堂侧面（李若水 摄）

国人在唐朝那个特定的时代所建，故无论在造型方面还是在结构方面均不可能不打上那个时代的烙印而显现中国建筑所共有的特征。分处中日两国的这两座同时代所建的大殿均面阔七间进深四间，平面柱网布局均属"金箱斗底槽"，即由内柱一周与外柱一周合成。殿顶均为单檐五脊庑殿顶，均在柱头斗栱上施月梁以承托殿顶重荷，且月梁均有卷杀，并共同在梁枋上设置平闇，四周棱角椽及盖斗板均呈斜坡式而形成盝顶，均在前檐居中五间设置板门，于两尽间施直棂窗。但是因着分处中日两国的这两座唐代寺院的大殿在修建时间与空间上毕竟不尽相同，故大同中必然有小异，虽小异却依然有大同。招提寺金堂殿坡度，其脊檩举高与前后橑檐檩间距离之比约为1∶3，而佛光寺东大殿为1∶4.77，以金堂殿顶举折略显陡峻而东大殿较为平缓。中国古代建筑的屋顶是随着时间的推移而渐趋陡起，故平缓乃古朴的

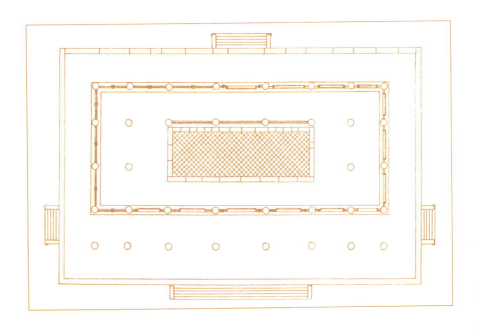

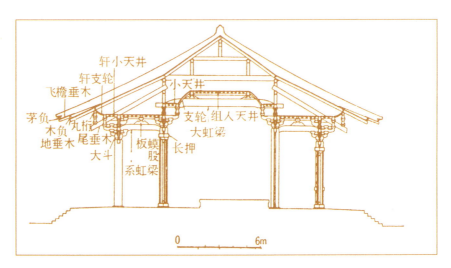

图8-3 日本奈良唐招提寺金堂平面图/上图

图8-4 日本奈良唐招提寺金堂剖面图/下图

象征，举折平缓是中国唐代建筑的一个重要特征，招提寺建造早于佛光寺，按照逻辑，其屋顶曲线应更平缓，为什么反而更陡峻呢？合理的解释是由于日本的气候多雨，屋顶陡峻利于排水。日本人并未拘泥于从中国传入的屋顶构造模式，而是按照日本的条件加以调整。招提寺金堂所用的斗栱为七铺作双杪单下昂；佛光寺东大殿为七铺作双杪双下昂。在栱枋用材的断面上前者做法近乎4∶3；而后者为3∶2。大小斗的耳、平、欹前者近于三等分；后者为4∶2∶4。前者加大了上、下层栱枋间的距离而后者没有。前者在泥道栱上采用一层枋一层栱相间构造；后者则是在几层柱头枋上垂直叠架。前者下昂的昂嘴微向上弯，下端截面与地平垂直，正立面上的截面呈矩形；后者下昂的昂嘴非但不向上弯，而且从交互斗之外向下斜线截去，制成扁平批竹昂，昂尖较薄并且平

图8-5 日本奈良唐招提寺翼角斗栱（李若水 摄）

图8-6 日本奈良唐招提寺金堂室内（李若水 摄）

五台山佛光寺 | 佛光寺与日本招提寺金殿的比较

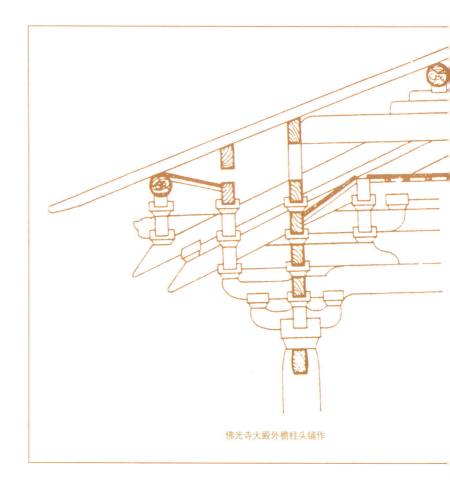

佛光寺大殿外檐柱头铺作

直无饰。后者昂嘴上的横栱在第一层偷心，第二层昂上有耍头与合栱相交；前者则无此构造。后者在两朵柱头斗栱之间施补间斗栱一朵，第一挑华栱与第一层柱头枋十字相交，五铺作双杪，瓜子栱为异形栱；前者则只是在阑额之上柱头枋间施两层直斗和小斗。前者用薄木板抹泥构筑殿墙，殿周檐柱敞露；后者则以青砖和土坯构筑墙体，并将除前檐之外的所有檐柱均隐匿墙内。前者于前檐设廊，使殿内空间显得局促；而后者无廊，殿内空间宽敞。前者殿内佛坛宽仅三间；而后者则有五间。两座大殿在建筑形制、建筑结构、建筑风格上的相同是主要的，相异是次要的，比较彼此间的异同对于研究中国古代木构建筑的演进及发展史和中日两国文化交流在建筑方面的表现有重要意义。

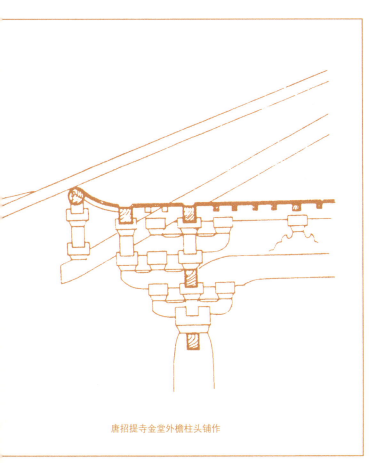

图8-7 佛光寺大殿与唐招提寺金堂的柱头、斗栱比较图

唐招提寺金堂外檐柱头铺作

大事年表

朝代	年号	公元纪年	大事记
北魏	太和年间	477—499年	羌族酋帅燕宕昌王于五台山南台外围遇佛光因建佛光寺。又建祖师塔。著名高僧昙鸾于此出家皈依佛门
隋		581—618年	在今存东大殿基址上建高达32米之弥勒阁
唐	永徽年间	650—655年	解脱禅师在佛光寺附近山窟中"岿然坐化"
唐	天宝四年	745年	博陵郅邑县西子口村民敬造台山佛光寺无垢净光塔玉石释迦佛像及阿难、迦叶两弟子和菩萨、金刚石像
唐	天宝十一年	752年	建无垢净光塔
唐	贞元六年	790年	大德方便和尚至五台山,于佛光寺挂锡
唐	贞元九年	793年	大德方便和尚在佛光寺坐化
唐	贞元十一年	795年	泽潞节度使李抱真建大德方便和尚塔
唐	长庆四年	824年	建解脱禅师墓塔
唐	会昌四年	844年	建志远和尚墓塔
唐	会昌五年	845年	唐武宗灭法,佛光寺被毁
唐	大中年间	847—859年	上都送供女弟子宁公遇捐资、寺僧愿诚法师主持重建佛光寺
唐	乾符五年	877年	修葺寺宇,镌造佛顶尊胜陀罗尼石经幢
金	天会十五年	1137年	建北配殿文殊殿
金	泰和五年	1205年	建昊公唯识戒师和尚预修之塔
元	至正十一年	1351年	修葺寺宇,补制文殊殿琉璃脊刹
明	宣德五年	1430年	塑东大殿五百罗汉像
明	弘治年间	1488—1505年	重修文殊殿,金妆文殊菩萨法像,补绘五百罗汉像壁画
中华民国		1937年	当代著名学者梁思成先生找到佛光寺唐代建筑并对外详予介绍
中华人民共和国		1978年	中国佛教协会会长赵朴初居士造访五台山瞻仰佛光寺等唐代建筑并题词留念

"中国精致建筑100"总编辑出版委员会

总策划：周　谊　刘慈慰　许钟荣
总主编：程里尧
副主编：王雪林
主　任：沈元勤　孙立波
执行副主任：张惠珍
委员（按姓氏笔画排序）
王伯扬　王莉慧　田　宏　朱象清　孙书妍
孙立波　杜志远　李建云　李根华　吴文侯
辛艺峰　沈元勤　张百平　张振光　张惠珍
陈伯超　赵　清　赵子宽　咸大庆　董苏华
魏　枫

图书在版编目（CIP）数据

五台山佛光寺 / 王宝库等撰文 / 王永先图版说明 / 王昊等摄影. —北京：中国建筑工业出版社，2014.6（2022.9重印）
（中国精致建筑100）
ISBN 978-7-112-16783-8

Ⅰ.①五… Ⅱ.①王…②王…③王… Ⅲ.①五台山–佛教–寺庙–建筑艺术–图集 Ⅳ.① TU-098.3

中国版本图书馆CIP数据核字（2014）第081397号

©中国建筑工业出版社

责任编辑：董苏华 张惠珍 孙立波
技术编辑：李建云 赵子宽
图片编辑：张振光
美术编辑：赵 清 康 羽
书籍设计：瀚清堂·赵 清 周伟伟 康 羽
责任校对：张慧丽 陈晶晶 关 健
图文统筹：廖晓明 孙 梅 骆毓华
责任印制：郭希增 臧红心
材料统筹：方承艺

中国精致建筑100

五台山佛光寺

王宝库 王 鹏 撰文 / 王永先 图版说明 / 王 昊 青 榆 摄影

中国建筑工业出版社出版、发行（北京西郊百万庄）
各地新华书店、建筑书店经销
南京瀚清堂设计有限公司制版
北京富诚彩色印刷有限公司印刷

开本：889×710毫米 1/32 印张：3 插页：1 字数：125千字
2016年3月第一版 2022年9月第二次印刷
定价：**48.00元**
ISBN 978-7-112-16783-8
（24382）
版权所有 翻印必究
如有印装质量问题，可寄本社退换
（邮政编码 100037）